ary

BEI GRIN MACHT SICH IHR WISSEN BEZAHLT

- Wir veröffentlichen Ihre Hausarbeit, Bachelor- und Masterarbeit

- Ihr eigenes eBook und Buch - weltweit in allen wichtigen Shops

- Verdienen Sie an jedem Verkauf

Jetzt bei www.GRIN.com hochladen und kostenlos publizieren

Henrik Janßen

Entwicklungsmethodik intelligenter Strukturen

GRIN Verlag

Bibliografische Information der Deutschen Nationalbibliothek:

Die Deutsche Bibliothek verzeichnet diese Publikation in der Deutschen National-
bibliografie; detaillierte bibliografische Daten sind im Internet über http://dnb.d-
nb.de/ abrufbar.

Dieses Werk sowie alle darin enthaltenen einzelnen Beiträge und Abbildungen
sind urheberrechtlich geschützt. Jede Verwertung, die nicht ausdrücklich vom
Urheberrechtsschutz zugelassen ist, bedarf der vorherigen Zustimmung des Verla-
ges. Das gilt insbesondere für Vervielfältigungen, Bearbeitungen, Übersetzungen,
Mikroverfilmungen, Auswertungen durch Datenbanken und für die Einspeicherung
und Verarbeitung in elektronische Systeme. Alle Rechte, auch die des auszugsweisen
Nachdrucks, der fotomechanischen Wiedergabe (einschließlich Mikrokopie) sowie
der Auswertung durch Datenbanken oder ähnliche Einrichtungen, vorbehalten.

Impressum:

Copyright © 2013 GRIN Verlag GmbH
Druck und Bindung: Books on Demand GmbH, Norderstedt Germany
ISBN: 978-3-656-54771-6

Dieses Buch bei GRIN:

http://www.grin.com/de/e-book/265267/entwicklungsmethodik-intelligenter-
strukturen

GRIN - Your knowledge has value

Der GRIN Verlag publiziert seit 1998 wissenschaftliche Arbeiten von Studenten, Hochschullehrern und anderen Akademikern als eBook und gedrucktes Buch. Die Verlagswebsite www.grin.com ist die ideale Plattform zur Veröffentlichung von Hausarbeiten, Abschlussarbeiten, wissenschaftlichen Aufsätzen, Dissertationen und Fachbüchern.

Besuchen Sie uns im Internet:

http://www.grin.com/

http://www.facebook.com/grincom

http://www.twitter.com/grin_com

Entwicklungsmethodik intelligente Strukturen

Inhaltsverzeichnis

Abbildungsverzeichnis

1. Einleitung

Für den Begriff „Intelligente Strukturen" finden sich in der Literatur viele Synonyme und diverse Definitionen mit unterschiedlichen Abgrenzungen. Eine genaue Beschreibung oder Definition scheint also nicht ganz einfach für intelligente Strukturen [vgl.Ind12][vgl.Men06][vgl.Duf08]. Nach Spillman, Sirkis und Gardiner beschreiben intelligente Strukturen oder „smart structures" nicht-biologische Strukturen die folgende Eigenschaften aufweisen. Einer eindeutigen Zielsetzung, die nötigen Mittel und Befehle diese Zielsetzung zu erreichen und ein biologisches Muster für die Funktionsweise [Spi96][vgl.Wad90].

Ebenfalls ist der Begriff selbstoptimierend ein häufig vorzufindender Begriff in der Literatur im Zusammenhang mit intelligenten Strukturen. Intelligente Strukturen oder Systeme, mit der Fähigkeit zur Selbstoptimierung, bieten viele neue Möglichkeiten bestehende Systeme verlässlicher und präziser zu machen. Gleichzeitig wird jedoch auch die Komplexität durch die Selbstoptimierung erhöht. Dies erschwert die Sicherstellung der Verlässlichkeit. Durch die selbständige Zielanpassung selbstoptimierender Systeme ist das daraus hervorgehende Verhalten dieser Systeme nur schwer beziehungsweise gar nicht oder nur unter Einsatz sehr großem Aufwand im Vorfeld zu bestimmen [Del09][Duf08].

Neben der Verlässlichkeit sind noch diverse weitere Faktoren bei der Entwicklung von intelligenten Strukturen oder Systemen zu berücksichtigen. Es muss gewährleistet werden, dass Fehler erkannt und nicht weiter betrachtet werden bei der zukünftigen Zielsetzung oder Entscheidungsfindung. Einfache Eingangsprüfungen genügen somit nicht. Ebenfalls muss gewährleistet sein, dass intelligenten Strukturen bestimmte Grenzen nicht überschreiten um Aspekte der Sicherheit und der gewährleisteten Funktionalität sicherzustellen. Bei der Entwicklung intelligenter und selbstoptimierender Strukturen müssen somit eine Vielzahl von Faktoren berücksichtig werden. In dieser Arbeit werden die Aspekte der Verlässlichkeit

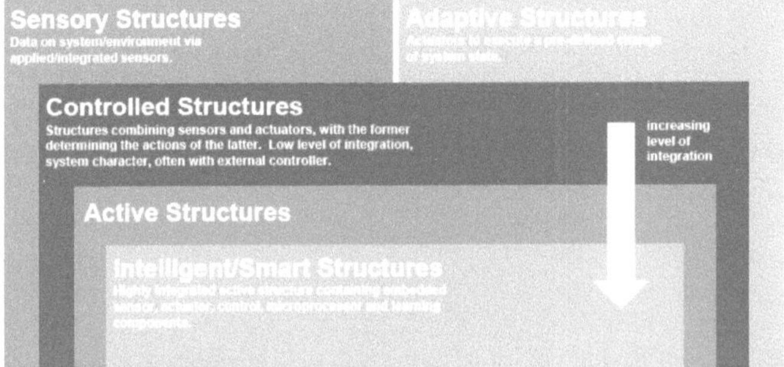

Abbildung 1: Einordnung Intelligente Strukturen [Wad90]

und der Vorgabe von Grenzen in den Fokus genommen, der Fokus soll hierbei auf den Herausforderungen liegen. Die Begriffe „intelligente Strukturen" und „selbstoptimierende Systeme" werden in dieser Arbeit nahezu deckungsgleich verwendet. Eine genauere Betrachtung der beiden Begriffe und die Ausdifferenzierung möglicher Unterschiede und Abgrenzungen führt im Rahmen dieser Arbeit zu weit und würde den Rahmen dieser Arbeit deutlich übersteigen, da viele komplexe und unterschiedliche Definitionen und Betrachtungen dieser Begriffe in der Literatur vorhanden sind. In Abbildung 1 ist die Einordnung von intelligenten Strukturen und eine mögliche Abgrenzung zu weiteren Begriffen, im Kontext von sensorischen Materialien dargestellt.

Nach MENGELKAMP sind die Aufgabe der Sensorischen Materialien bei intelligenten Strukturen mit einem künstlichen Nervensystem, ähnlich wie beim Menschen zu vergleichen [Men06].

> *„An die Stelle des Gehirns tritt der Rechner, der, mit entsprechenden Auswertealgorithmen ausgestattet, die Informationen verarbeitet und zu einer Einschätzung des Strukturzustandes auf Grund von Veränderungen des dynamischen Verhaltens und damit zu einer gewissen künstlichen Intelligenz gelangt" (Mengelkamp 2006, S. 57).*

[Sta03][Men06][vgl.Ind12]. Der Entwicklungsprozess intelligenter Strukturen von dem konventioneller lasttragender Strukturen unterscheidet sich unter anderem durch neue Entwicklungsmethoden und -werkzeuge [Del09]. Die Konstruktionsmethodik des Maschinenbaus muss erweitert werden. Bereits die frühe Phase der „Konzipierung", in der Anforderungen, Definitionen von Funktionen und das Suchen nach Wirkprinzipien zur Erfüllung von Funktionen beschrieben werden, ist hiervon betroffen [Bro03].

Ein wichtiger Aspekt bei der Entwicklung von intelligenten Strukturen ist die Sicherstellung einer entsprechenden Verlässlichkeit. Mit dem englischen Begriff „Condition Monitoring" wird die Zustandsüberwachung, also die Beobachtung und Auswertung von Messwerten beschrieben [Del09]. Abbildung 2 zeigt die Entwicklung der Wartungsplanung in diesem Bereich. Durch eine „Condition Based" Wartungsplanung lassen sich kritische Betriebszustände prognostizieren und bereits heute kann somit ein hoher Teil der Personal- und Materialkosten eingespart werden [Del09] [Sav06].

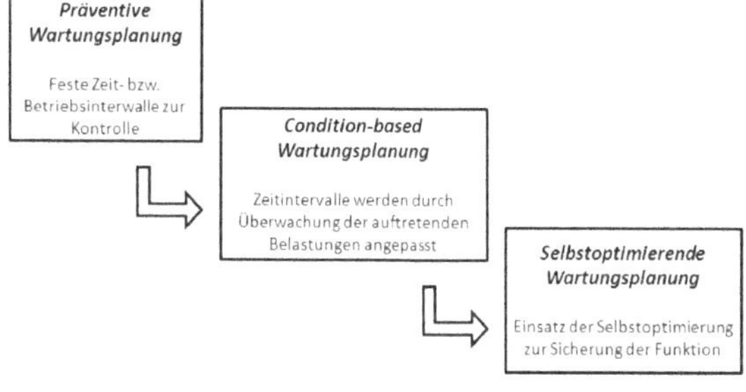

Abbildung 2: Entwicklung der Wartungsplanung [Del09]

2. Stand der Technik

Das folgende Kapitel ist unterteilt in „Herausforderungen" und „Lösungskonzepte". Zunächst sollen die unterschiedlichen Herausforderungen und verschiedenen einzubeziehenden Faktoren für die Entwicklung intelligenter Strukturen beschrieben werden, die zum Teil bereits genannt wurden. Im Unterkapitel 2.2 werden dann bereits Entwickelte Lösungsansätze für die Bewältigung dieser Herausforderungen beschrieben. Im Unterkapitel 2.3 werden bereits realisierte Projekte vorgestellt, die sich mit sensorischen Materialien und intelligenten Strukturen befassen.

Sensorische Materialien spielen bei der Entwicklung von Intelligenten Strukturen eine zentrale Rolle. Abbildung 8 zeigt eine Übersicht von Sensormaterialien („smart materials") und die zugehörigen Input und Output [Ind12][vgl.Uch03]. Es kann zwischen aktiven und passiven „smart materials" unterschieden werden. Aktive „smart materials" besitzen die Kapazität ihre geometrischen oder materiellen Eigenschaften zu verändern mittels elektrischer, thermischer oder magnetischer Felder und dabei die entsprechende Kapazität umgewandelter Energie zu erhalten. Somit gehören beispielsweise piezoelektrische Materialien zu den aktiven „smart materials"[Fai98] [vgl.Ind12]. Alle nicht aktiven „smart materials" werden durch das Ausschlussverfahren zu den passiven „smart materials"

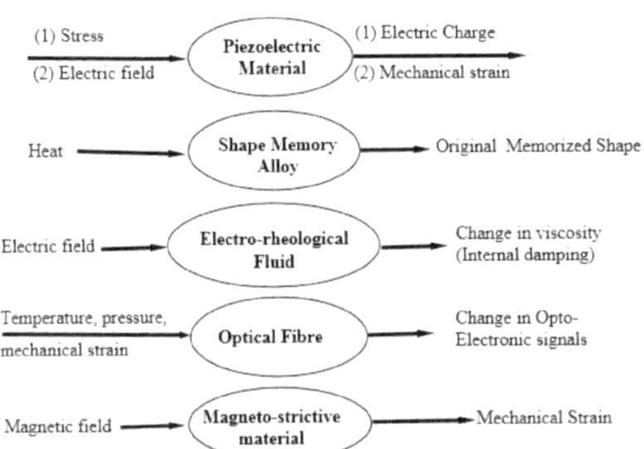

Abbildung 3: Common smart materials and associated stimulus-response [Sta03]

gezählt. Hierzu gehören beispielsweise Glasfasermaterialien. Diese Materialien können als Sensoren dienen, jedoch nicht als Aktoren oder Umwandler [Ind12]. Bei der Entwicklung und Integration von sensorischen Materialien sind derzeit jedoch noch diverse Herausforderungen zu bewältigen, bevor diese in großen Stückzahlen produziert und kommerziell vertrieben werden können.

2.1 Herausforderungen

Bei der Entwicklung von intelligenten Strukturen und der Integration von sensorischen Materialien sind derzeit noch verschiedene Herausforderungen zu bewältigen. Um sensorische Materialien effizient und zielgerichtet nutzen und in Intelligente Strukturen integrieren zu können ist die Weiterentwicklung der bestehenden Materialien und Strukturen von Nöten. So stellen bei der Integration von Sensoren, beziehungsweise sensorischen Materialien, in Faserverbundwerkstoffe, diese ein materialfremdes und mechanisch schwächeres Element dar. Hierdurch kommt es zur Schwächung der Struktur und Fehlerquellen, wie Poren, in der Fertigung. Ebenfalls ist eine Qualitätskontrolle des integrierten Sensors, die Kontaktierung oder Reparatur nur sehr schwer realisierbar, sobald der Sensor im Bauteil ist. Ebenfalls sind die Übermittelten Daten Störungen von Umwelteinflüssen, Belastungen oder Einflüssen aus dem Fertigungsprozess ausgesetzt [vgl.Pag01][vgl.Wan01]. Hinzu kommt, dass es nur in einem begrenzten Rahmen möglich ist die erfassten Daten zu speichern[Her13]. Gerade bei einer lokalen Überwachung fallen in bereits relativ kleinen Zeitintervallen große Datenmengen an. Hinzu kommt, dass selbst bei weit Entwickelten und Verlässlichen intelligenten Strukturen die Akzeptanz beim Endkunden gewonnen werden muss und der Kunde davon überzeugt werden muss, dass die entwickelten Sensoren auch ohne zusätzliche Kontrollen verlässlich arbeiten. Auch stellt der lange und mühsame Prozess für die Zulassung zum Vertrieb eine nicht zu unterschätzende Herausforderung dar [Her13][vgl.Sta03].

Bei der Entwicklung von intelligenten Strukturen ist die Reaktion des Systems auf Veränderungen ein sehr zentraler Faktor. Änderungen beschreiben

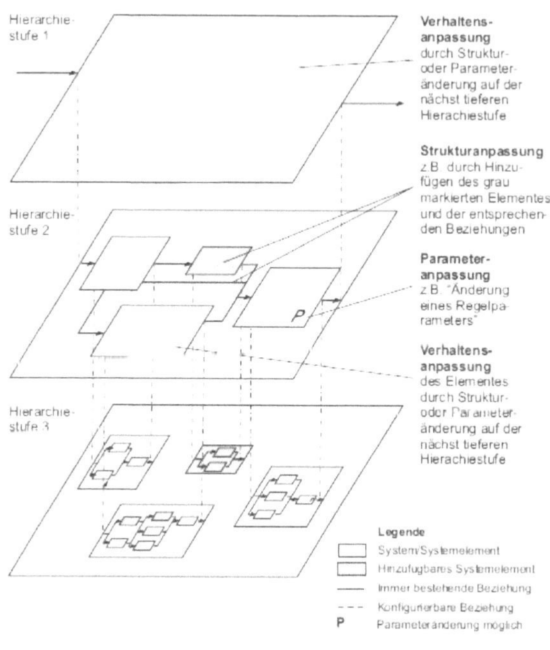

Abbildung 4: Struktur-, Verhaltens- und Parameteränderungen eines selbstoptimierenden Systems [Ade09]

hierbei extern verursachte, willkürliche Veränderungen die auch beispielsweise Verschleiß beinhalten. Als Anpassung werden willentliche, zielgerichtete

Veränderungen bezeichnet. In Abbildung 4 sind die verschiedenen Ebenen einer intelligenten Struktur, hier eines selbstoptimierenden Systems, abgebildet, die bei einer Veränderung, intern wie extern, angesprochen werden [Ade09]. Diese Einflüsse können zu Zielanpassungen führen, dass heißt, dass es beispielsweise zu einer veränderten Gewichtung der Ziele kommt. Im Zuge dieser Zielanpassung wird das Verhalten des Systems ebenfalls zielorientiert verändert, dies geschieht durch entsprechende Parameter- sowie Strukturanpassungen auf den unteren Hierarchieebenen (vgl. Abbildung 4). Parameteranpassungen beschreiben die Anpassung eines Systemparameters, wie die Änderung eines Regelparameters. Strukturanpassungen verändern die Anordnung und Beziehung von den Elementen des Systems. Elemente sind Teile, Komponenten oder Gebilde die zusammen das gesamte System bilden und untereinander oder mit Elementen der Systemumgebung verbunden sind und in einer Beziehung zueinander stehen. Die Strukturanpassung wird in Rekonfiguration und Kompositionaler Anpassung unterschieden. Beschreibt die Rekonfiguration die Veränderung bei Beziehungen einer festen Mengen von verfügbaren Elementen, so werden bei der Kompositionalen Anpassung neue Elemente in die bisherige Struktur integriert oder aus der bestehenden Struktur entfernt.

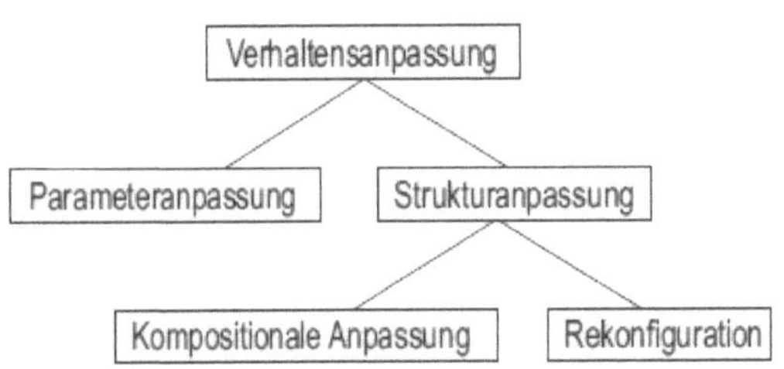

In der nebenstehenden Abbildung 5 wird die Klassifikation der beschriebenen Anpassungsbegriffe noch einmal zusammengefasst und gibt einen Überblick über die Klassifizierung.

Abbildung 5: Arten der verwendeten Verhaltensanpassungen [Ade09]

Ein wichtiger Aspekt bei der Entwicklung von intelligenten Strukturen ist die frühzeitige Erkennung und Behebung von Fehlern, die sich im System weiter fortsetzen und beispielsweise die Ziel- oder Verhaltensanpassung beinträchtigen. Wird ein fehlerhaftes Verhalten des Systems nicht als „fehlerhaft" eingestuft und bei späteren Verhaltensänderungen als „hilfreiches" Verhalten mit einbezogen, so kann dies zu schwerwiegende Folgen führen. Gerade der Faktor Sicherheit ist hiervon in besonderer Weise betroffen. Es muss daher sichergestellt werden, dass es nicht zu einer Entstehung eines „Teufelskreises" kommt, wie in Abbildung 6 exemplarisch dargestellt.

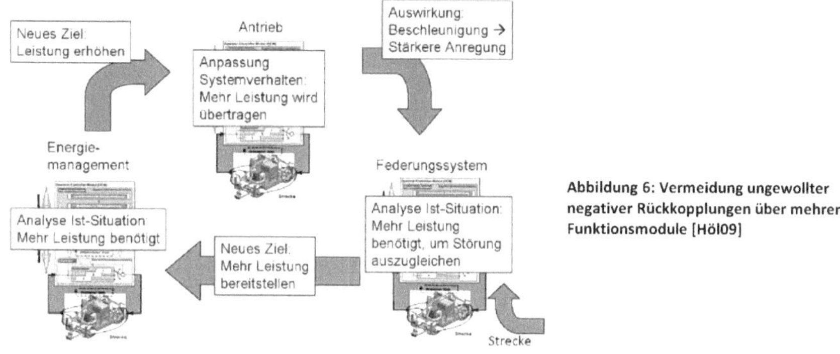

Abbildung 6: Vermeidung ungewollter negativer Rückkopplungen über mehrere Funktionsmodule [Höl09]

2.2 Lösungskonzepte

Zur Erkennung möglicher Fehlzustände eines Systems entwickelten Dell'Aere et al. (2009) ein generisches Verlässlichkeitskonzept um die Risiken von intelligenten Strukturen zu minimieren. Erkannte Fehler werden klassifiziert und nötige Gegenmaßnahmen eingeleitet. Das in Abbildung 7 dargestellte Konzept beschreibt einen möglichen Einsatz von Selbstoptimierung in intelligenten Strukturen.

Abbildung 7: Reflektorischer Operator, mehrstufiges Verlässlichkeitskonzept [Del09]

Bereich I
- System befindet sich im sicheren, regulären Zustand
- Vorgegebene Ziele der Selbstoptimierung werden verfolgt

Bereich II
- Gefahr wurde erkannt (bspw. Überschreitung Schwellenwert)
- System ist noch im sicheren Zustand, es wird jedoch nur noch das Teilziel „Verlässlichkeit verfolgt um dieses nicht zu gefärden

Bereich III
- Fehlzustand wurde erkannt
- Schnelle, robuste gegenmaßnahmen (Reflex) zur Erreichung von Bereich I oder II
- „Sicherheit" ist primäres Ziel, Kenngrößen von „Verlässlichkeit" untergeordnete Ziele zur Steigerung der Sicherheit

Bereich IV
- System ist nicht unter Kontrolle und muss gestoppt werden
- Überführung in minimales „Fail-Operational-Verhalten" um Schaden für System zu verhindern/minimieren

Ein wichtiger Aspekt ist die bereits eingangs erwähnte frühzeitige Erkennung von Fehlern. Durch „Kompositionelle Verifikation" lassen sich große Modelle intelligenter Strukturen bzw. Software verifizieren, da die direkte Ursache für einen exponentiellen Anstieg eines Zustandraumes verhindert wird. So lassen sich bereits frühzeitig Fehler in der Entwicklungsphase aufspüren und beseitigen. Ebenfalls können wiederverwendbare Module spezifiziert und gegebenenfalls verifiziert werden. Die kompositionelle Verifikation wird nicht auf globale Zustandsräume, sondern auf Teilzustandsräume mit lokalen temporallogischen Spezifikationen durchgeführt. Dazu wird eine globale Eigenschaft in lokale Teilformeln zerlegt und Verifikationen einzelner Randbedingungen bestimmt. Die Teilformeln werden unter Einbezug der Randbedingungen auf lokalen Modellen verifiziert. Es muss dabei gewährleistet werden, dass von den lokalen Teilformeln auf die Gültigkeit der übergeordnetetn globalen Formel geschlossen werden kann. Komponenten können so unabhängig spezifiziert, sowie verifiziert werden und somit lässt sich der Verifikationsprozess in den Modellierungsprozess integrieren[Cla99] [Del09].

2.3 Realisierte Projekte

PyzoFlex ist ein Beispiel für die praktische Anwendung von sensorischen Materialien die in intelligenten Strukturen eingebunden sind und bereits heute in verschiedenen Bauteilen eingesetzt werden. An der University of Applied Sciences Upper Austria, im Rahmen der Media Interaction Lab wurde die in Abbildung 8 dargestellte PyzoFlex Folie entwickelt. Die Entwicklung ermöglicht das bedrucken einer DinA4 Folie mit kapazitiven Elementen zur energieautarken Erkennung von Druckänderungen mit Hilfe des piezoelektrischen Effekts (Piezogeneratoren). Die einzelnen Belastungen an den Sensoren können in Echtzeit, mit eine Bildwiederholrate (frame-rate) von 100 fps, übertragen werden[Ren12][Stad12] . Die PyzoFlex Folie wird unter anderem bei der Entwicklung im Automobilbau eingesetzt, bei der Umsetzung von Sensoren auf der Motorhaube um bei einen Aufprall von Fußgängern beispielsweise automatisch die Bremse zu betätigen [Joan12] [vgl.Ren12].

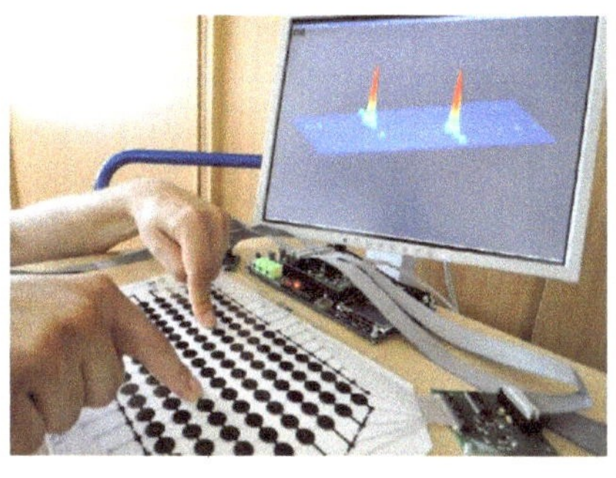

Abbildung 8: PyzoFlex Folie mit Drucksensor Feedback in Realzeit [Ren12]

Die Firma Festo AG & Co. KG entwickelte eine künstliche autonome Qualle mit elektrischem Antrieb und einer intelligenten, adaptiven Mechanik. Zudem weist diese ein ausgeprägtes Schwarmverhalten auf. In der nebenstehenden Abbildung 9 ist das Projekt „AquaJelly" zu sehen. Diese besteht aus einer transluzenten Halbkugel, einem zentralen Druckkörper sowie für den Vortrieb acht Tentakeln. Eine ringförmige Steuerplatine in der Licht - , Funk- und Drucksensoren integriert sind ist in der transluzenten Halbkugel installiert. Über einen Prozessor wird permanent die Stellung des Antriebssystems überwacht. Die Kommunikation zwischen mehreren „AquaJellies" wird über acht weiße und acht blaue LEDs sowie den Sensoren realisiert.

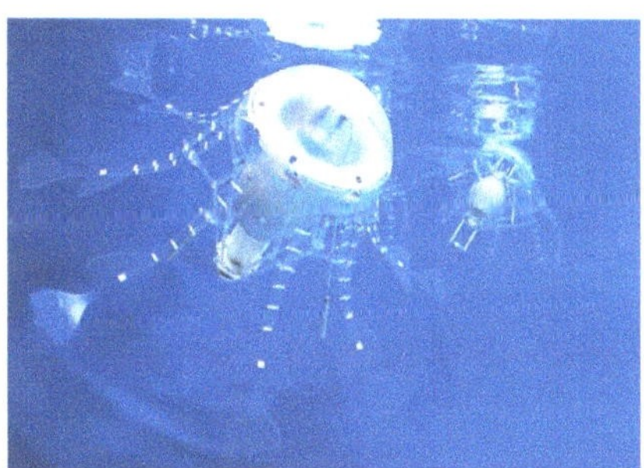

Abbildung 9: FESTO / AquaJelly, künstliche autonome Qualle im Wasser, die als selbststeuerndes System ein ausgeprägtes Schwarmverhalten aufweist [Zsc12]

Die künstlichen Quallen verfügen über elf Infrarot-Leuchtdioden. Diese sind auf einen Ring innerhalb der Kuppel angebracht. Durch einen Öffnungswinkel der Dioden von 20° und der Verwendung gepulster Infrarotsignale können die „AquaJellies" in einer fast kugelförmigen Struktur um sie herum bis zu einer Entfernung von ca. 80 Zentimeter kommunizieren. Für die Energieversorgung sind an den künstlichen Quallen zwei silberne Ringe angebracht, die mit Metallfarbe beschichtet sind. Hieran angeschlossen ist die Laderegelung, welche die Energieversorgung sicherstellt. Taucht die „AquaJellie" nun auf wird diese von der Ladestation angesaugt und wieder aufgeladen. Die Ladestation besteht aus einem Vakuumsauger mit integrierten Kontaktpunkten. Über diese findet die Übertragung der Ladeenergie statt. Ebenfalls kommunizieren die „AquaJellie" und die Ladestation über diese Kontaktpunkte um den nötigen individuellen Energiebedarf für jede einzelne Qualle zu ermitteln. Ein wasserdichter Druckkörper befindet sich in der Mitte der Qualle. Dieser enthält, neben der Laderegelung und zwei Lithium-Ionen-Polymer-Akkus, die Servomotoren für eine Taumelscheibe zum Antrieb. Über zwei Kubeln bewegt der elektrische Antrieb jeweils einen Hubteller, auf der Ober- und Unterseite des Druckkörpers. Die Kurbeln sind um 60 Grad zueinander versetzt angeordnet. Angeschlossen an die Hubteller sind die acht Rautengelenke welche die Tentakel in wellenförmige Bewegungen versetzten. So kann sich die „AquaJelly" peristalstisch fortbewegen, ähnlich wie ihr biologisches Vorbild [Raf03].

3. Forschung

Im vorigen Kapitel wurde bereits die PyzoFlex Folie mit Drucksensoren beschrieben. Diese wird zwar bereits testweise in der Automobilindustrie eingesetzt, kommerziell erhältlich ist diese jedoch noch nicht. Die Entwicklung von intelligenten Strukturen befindet sich noch am Anfang [vgl.Duf08]. In diesem Kapitel wird zunächst eine Auswahl an sensorischen Materialien zur Entwicklung von intelligenten Strukturen beschrieben und anschließend einige Forschungsprojekte zur Entwicklung und Umsetzung von „smart structures" vorgestellt.

Zu den potenziellen Nutzern von intelligenten Strukturen zählen insbesondere die Luft- und Raumfahrttechnik, da in diesem Bereich der Sicherheitsaspekt eine große Rolle spielt und durch selbstoptimierende Systeme beispielsweise erheblich gestärkt werden kann. Ebenso können intelligente Strukturen zu einer leichteren Bauweise führen und somit einen großen technischen und ökonomischen Nutzen generieren. Neben der Luft- und Raumfahrt ist das Transportwesen, beispielsweise Magnetschwebebahnen oder der ICE, ein wichtiger Treiber für die Entwicklung von „smart structures" mit Hilfe von sensorischen Materialien, da

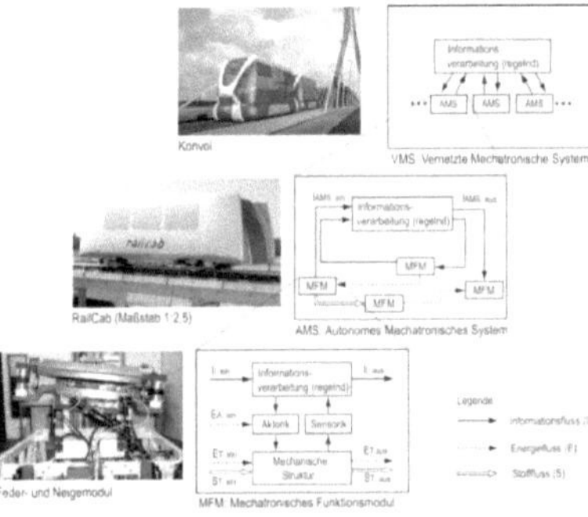

Abbildung 10: Struktur eines komplexen mechatronischen Systems [SFB09]

Unternehmen in diesen Bereichen auch einen erhöhten Nutzen aus dieser Entwicklung realisieren können[Men06][vgl.Duf08].

Der Sonderforschungsbereich 614 der Universität Paderborn (SFB) beschäftigt sich mit selbstoptimierenden Systemen des Maschinenbaus. In diesem Zusammenhang wird auch die gezielte Anwendung von sensorischen Materialien in mechanischen lasttragenden Strukturen, Beschreibung, sowie die Integration von sensorischen Materialien in intelligente Strukturen und selbstoptimierenden Strukturen untersucht. Ebenfalls soll im Rahmen des SFB eine Entwicklungsmethodik für komplexe, intelligente und selbstoptimierende Strukturen entwickelt werden. Konkreter Forschungsgegenstand des SFB ist die Entwicklung von maschinenbauliche Systemen welche aus Konfigurationen von Systemelementen mit einer inhärenten Teilintelligenz bestehen. Das Verhalten des Gesamtsystems wird durch die Kommunikation und Kooperation der intelligenten Systemelemente gesteuert. Getestet werden soll das selbstoptimierende System an einer Magnetschwebebahn. In Abbildung 9 wird der grobe Aufbau eines solchen komplexen mechatronischen Systems beschrieben. Das Zusammenspiel von selbstoptimierenden, adaptiven und klassischen Regelung ist in Abbildung 10 dargestellt [Ade09][vgl.Höl09].

Ein Abgleich von den abgebildeten Zielen, welche aus dem internen Zielsystem, externen und inhärenten Zielen besteht, und dem Sollwert mittels eines Adaptionsalgorithmus lässt das System auf Störungen und Einflüssen aus dem System und Umfeld reagieren.

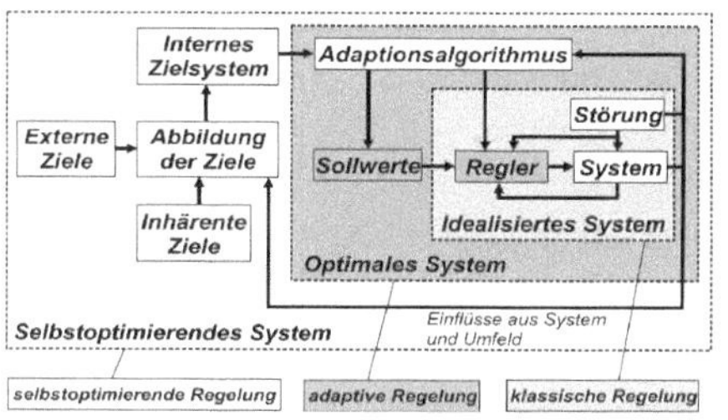

Abbildung 11: Möglicher Aufbau eines selbstoptimierenden Systems [Höl09]

Der Einsatz von sensorischen Materialien, sowie die Einbettung von sensorischen Materialien in intelligente Strukturen ist auch ein Bestandteil der Forschung des ISIS Sensorial Materials Scientific Centre. Das Forschungsprojekt „Drucksensorik" beschäftigt sich mit Drucksensoren für extreme Kontaktkräfte. Bei Dünnschicht-Druck- und Temperatursensoren die auf Werkzeuge oder Funktionsflächen hoch beanspruchter Bauteilen angebracht werden, fehlt es zurzeit an ausreichender Funktionalität und Zuverlässigkeit. Das Forschungsprojekt „Drucksensorik" verbindet zur Findung einer Lösung die Bereiche der Werkstofftechnik und

Abbildung 12: Drucksensoren mit integrierten Testsensoren für die Verfahrensentwicklung zur Realisierung von Wälzlagern [ISI13]

der Mikrosystemtechnik. Es soll ein mechanisch hoch belastbaren Drucksensors entwickelt werden. Für die Realisierung soll die Abscheidung einer piezoresistiven Funktionsschicht, elektrisch isolierender Schichten sowie einer verschleißfesten Deckschicht mit Hilfe von Magnetronsputtern erfolgen. Die funktionellen Strukturen der einzelnen Schichten werden mit lithographischen Methoden realisiert. Als Substrate werden hierbei Flachproben aus gängigen Stählen zum generellen Nachweis der Machbarkeit verwendet, wie beispielsweise, aus gehärtetem 100Cr6. Die Funktion und Haltbarkeit des Dünnschicht-Sensors unter Wälzbeanspruchung werden vereinfacht anhand von Linearführungen erprobt [ISI13]. Ein weiteres Projekt am ISIS Sensorial Materials Scientific Centre läuft unter dem Namen „SmartTooling". Ziel des Projekts ist die Entwicklung von Konzepten und Demonstratoren für „intelligente" Werkzeuge und Maschinenkomponenten. Es wird das Anwendungspotenzial sensorischer Materialien in Werkzeugen und Maschinenkomponenten von Fertigungseinrichtungen näher untersucht. Für bestimmte Zielgruppe werden zugeschnittene Forschungsstrategien erarbeitet, sowie konkrete Anwendungen identifiziert und in entsprechenden Demonstratoren realisiert. Beispiel hierfür ist eine intelligente Schleifscheibe, die über Messung der Temperatur in der Bearbeitungszone mittels Thermoelementen oder Infrarotsensoren zentrale Informationen für die Prozesssteuerung der Bearbeitungsmaschine liefert, die mit konventionellen Messverfahren nicht in gleicher Qualität abgreifbar wären [ISI*13]. Ein ähnliches Forschungsprojekt läuft derzeit am LFM Labor für Mikrozerspanung. In dem Projekt werden unterschiedliche Möglichkeiten der Integration von Wärmemesssystemen in einer Schleifscheibe untersucht, verglichen und bewertet [Bri12].

4. Visionen

Die Vision in ferner Zukunft für sensorische Materialien und „smart structures" ist natürlich effiziente und kostengünstige Herstellung, Nutzung und freie Gestaltung von intelligenten Strukturen, welche völlig autonom arbeiten. Die Ziele und Aufgaben müssen nur bei der Implementierung vorgegeben werden oder leiten sich eventuell sogar aus dem Arbeitsumfeld ab. Diese Vision kommt dem menschlichen Denken und Handeln sehr nahe. Solch ein Verhalten von intelligenten Strukturen mittels sensorischen Materialien liegt noch in weiter Ferne [vgl.Ind12][Zsc12].

In der Literatur finden sich jedoch diverse „Entwicklungspfade" für die Weiterentwicklung von sensorischen Materialien in „smart structures". Bereits 1990 formulierte Rogers die folgenden Entwicklungen von „smart materials" [Rog90]:

- Material mit der Fähigkeit Risse an der Ausbreitung zu hindern, durch den automatischen Aufbau von Druck um den Riss („Damage arrest")

- Material, das in der Lage ist zu unterscheiden ob es einer statischen oder stoß Belastung ausgesetzt ist und eine große Gegenkraft gegen Schlagbeanspruchung generieren kann („Shock absorbers")

- Material mit selbst-reparierenden Kapazitäten, die Schäden rechtzeitig heilen können („Self-healing materials")

- Material, dass bei ultra-hohen Temperaturen eingesetzt werden kann (wie bei „space shuttles" beim Wiedereintritt in die Erdatmosphäre), durch die passende wechselnde Zusammensetzung mittels Transformation („thermal mitigation")

Die Entwicklung führt demnach zu funktionaleren und hoch klassigen Materialien. Nach Takagi (1990) werden diese weiterentwickelten Materialien Kapazitäten besitzen zur:

- Identifizierung
- Unterscheidung
- Veränderlichkeit
- Selbst-Diagnose
- Selbstständigkeit

Abbildung 13: Super Cilia Skin, Prototyp einer Silikon-basierten interaktiven Membran; Wiedergabe dynamischer Bewegungen, Energiegewinnung durch Übertragung von Windbewegung [Zsc12][Raf03]

Die Weiterentwicklung von Intelligenten Strukturen mittels sensorischer Materialien führt dazu, dass sich neue Anwendungsfelder erschließen lassen. Neben den klassischen Anwendungsfeldern in der Luft - und Raumfahrt sowie dem Transportwesen ergeben sich nun neue Anwendungsfelder. In der nebenstehenden Abbildung 13 ist eine mögliche Weiterentwicklung und Erweiterung von Anwendungsfeldern sensorischer Materialien und intelligenten Strukturen dargestellt, der Prototyp einer Silikon-basierten interaktiven Membran. Das Projekt „Super Cilia Skin" entwickelte eine interaktive Membran mit der Energiegewinnung durch die Übertragung von Windbewegungen erforscht werden soll. Die „Super Cilia Skin" soll an Häuserwänden angebracht werden können und hat als Vorbild die Natur, die Bewegungen von Gras im Wind [Raf03][vgl.Zsc12]. Diese besteht aus einer Anordnung von rechnergesteuerten Aktoren die an einer elastische Membran verankert sind. Diese Aktoren repräsentieren Informationen durch die Änderung ihrer physischen Orientierung. Der abgebildete Prototyp der „Super Cilia Skin" fungiert als Ausgabegerät für visuelle und taktile Ausdrücke. Nach einflussreichen Studien in der Neurophysiologie schaffen physische Erfahrungen starke neurale Pfade im Gehirn. Diese Art der Lernerfahrung hilft die Informationen im Langzeitgedächtnis zu behalten [Raf03]. Sensorische Materialien und intelligente Strukturen finden also nicht nur in technischen Bereichen Anwendung, sondern können wie beschrieben auch für Lernprozesse eingesetzt werden. Zudem finden sich in der Literatur viele Ansätze zur Anwendung als gestalterische Elemente in der Kunst [vgl.Pet12] [vgl.Cul96].

5. Literaturverzeichnis

[Ade09]   Adelt, P.; Donoth, J.; Gausemeier, J.; Geisler, J.; Henkler, S.; Kahl, S.; Klöpper, B.; Krupp, A.; Münch, E.; Oberthür, S.; Paiz, C.; Porrmann, M.; Radkowski, R.; Romaus, C.; Schmidt, A.; Schulz, B.; Vöcking, H.; Witkowski, U.; Witting, K.; Znamenshchykov, O.: Selbstoptimierende Systeme des Maschinenbaus. Definitionen, Anwendungen, Konzepte. Heinz-Nixdorf-Inst, Paderborn, 2009.

[Bri12]   Brinksmeier, E. h.: Fertigung und Werkstoffverhalten I, Bremen, 2012.

[Bro03]   Broekman, B.; Notenboom, E.: Testing Embedded Software. Addison-Wesley, 2003.

[Cla99]   Clark, E.; Grumberg, O.; Peled, D.: Model Checking. MIT Press, 1999.

[Cul96]   Culshaw, B.: Smart Structures & Materials. Artech House, 1996.

[Del09]   Dell'Aere, A.; Hirsch, M.; Klöpper, B.; Koester, M.; Krupp, A.; Krüger, M.; Müller, T.; Oberthür, S.; Pook, S. P. C.; Romaus, C.; Schmidt, A.; Sondermann-Wölke, C.; Tichy, M.; Vöcking, H.; Zimmer, D.: Verlässlichkeit selbstoptimierender Systeme. Potenziale nutzen und Risiken vermeiden. Heinz-Nixdorf-Inst, Paderborn, 2009.

[Duf08]   Dufault, F.; Akhras, G.: Smart Structure Applications in Aircraft. In The Canadian Air Force Journal, 2008.

[Fai98]   Fairweather, J. A.: Designing with Active Materials: An Impedance Bases Approach. Ph. D. Thesis, New York, 1998.

[Fra07]   Frank, U.; Giese, H.; Müller, T.; Oberthür, S.; Romaus, C.; Tichy, M.; Vöcking, H.: Potentiale und Risiken der Selbstoptimierung für die Verlässlichkeit mechatronischer Systeme. 5. Paderborner Workshop Entwurf mechatronischer Systeme, Paderborn, 2007.

[Her13]   Herrmann, A. S.; Christ, M.; Schubert, K.: Sensorintegration In Faserverbundwerkstoffe. Ringvorlesung Sensorische Materialien, Bremen, 2013.

[Höl09]   Hölscher, C.; Sudmann, O.: Selbstoptimierung, Sonderforschungsbereich 614. http://www.sfb614.de/interessensgruppe/, 2009, zuletzt geprüft am: 15.06.2013 [10:47].

[Ind12]   Indian Institute of Technology Delhi: SMART STRUCTURES AND MATERIALS. http://ssdl.iitd.ac.in/vssdl/smart.pdf, 2012, zuletzt geprüft am: 29.06.2013 [12:19].

[ISI13]   ISIS Sensorial Materials Scientific Centre: Drucksensorik. http://www.isis.uni-bremen.de/forschung/projekte-case-studies/drucksensorik.html, 2013, zuletzt geprüft am: 22.06.2013 [18:27].

[ISI*13]   ISIS Sensorial Materials Scientific Centre: SmartTooling. http://www.isis.uni-bremen.de/forschung/projekte-case-studies/smarttooling.html, 2013, zuletzt geprüft am: 22.06.2013 [18:19].

[Joa12]   Joanneum Research Forschungsgesellschaft mbH: Gedruckte Elektronik. Hochaufgelöste Strukturierung, Weiz, 2012.

[Leh13]   Lehmhus, D.: Sensor- und intelligente Materialien, Bremen, 2013.

[Leh11]   Lehmhus, D.; Brugger, J.; Muralt, P.; Pane, S.; Ergeneman, O.; Dubois, M.-A.; Gupta, N.; Busse, M.: When nothing is constant but change – adaptive and sensorial materials and their impact on product design. In Journal of Intelligent Material Systems and Structures, 2011, zuletzt geprüft am: 15.05.2013 [19:18].

[Men06]   Mengelkamp, G.: Entwicklung einer Intelligenten Struktur. Eine Kombination globaler und Lokaler Verfahren zur Schadensdiagnose. Dissertation, 2006, zuletzt geprüft am: 02.06.2013 [15:36].

[Pag01]   Paget, C. A.: Active Health Monitoring of Aerospace Composite Structures by Embedded Piezoceramic Transducers. Dissertation, Stockholm, 2001.

[Pet12]   Peters, S.: Hello Smart Materials. Intelligente Werkstoffe für Designer. Konrad Medien, 2012.

[Raf03]   Raffle, H.; Joachim, M. W.; Tichenor, J.: Super Cilia Skin: An Interactive Membrane. http://www.rafelandia.com/mas834/Cilia/529-raffle.pdf, 2003, zuletzt geprüft am: 29.06.2013 [23:37].

[Ren12]   Rendl, C.; Greindl, P.; Haller, M.; Zirkl, M.; Stadlober, B.; Hartmann, P.: PyzoFlex: Printed Piezolectric Pressure Sensing Foil, Media Interaction Lab (University of Applied Sciences Upper Austria), Institute of Surface Technologies and Photonics (Joanneum Research). http://mi-lab.org/files/2012/10/pyzoflex-final-online.pdf, 2012, zuletzt geprüft am: 09.06.2013 [16:17].

[Rog90]   Rogers, C. A.: Intelligent Material Systems and Structures. Proceedings of U.S.-Japan Workshop on Smart/Intelligent Materials Materials and Systems. edited by I. Ahmad, A. Crowson, C. A. Rogers and M. Aizawa. Technomic Publishing Co., Inc., Honolulu, Hawaii, 1990.

[Sav06]   Savsar, M.: Maintenance Management and Modeling in Modern Manufacturing Systems. Manufacturing the Future: Concepts, Technologies & Visions, 2006.

[SFB09]   SFB 614: Forschungsprogramm, Sonderforschungsbereich 614, Selbstoptimierende Systeme des Maschinenbaus. http://www.sfb614.de/forschungsprogramm/, 2009, zuletzt geprüft am: 15.06.2013 [15:15].

[Spi96]   Spillman, W., JR.; Sirkis, J.; Gardiner, P.: Smart Materials and Structures: What are they?". In Smart Materials and Structures, 1996.

[Sta12]   Stadlober, B.: PyzoFlex, Institut für Oberflächentechnologien und Photonik, Mikro- und Nanostrukturierung. http://www.joanneum.at/fileadmin/user_upload/MATERIALS/MNS/pbf12064ma t-mns-PyzoFlex-de-A4v0w.pdf, 2012, zuletzt geprüft am: 09.06.2013 [16:41].

[Sta03]   Staszewski, W. J.; Worden, K.: An Overview of Optimal Sensor Location Methods for Damage Detection, 2003.

[Tak90]   Takagi, T.: A concept of Intelligent Materials. Proceedings of U.S.-Japan Workshop on Smart/Intelligent Materials and Systems. edited by I. Ahmad, A. Crowson, C. A. Rogers and M. Aizawa. Technomic Publishing Co., Inc., Honolulu, Hawaii, 1990.

[Uch03]   Uchino, K.; Giniewicz, J.: Micromechatronics. Marcel Dekker, Inc., New York, Basel, 2003.

[Uni12]   Universität Paderborn: Forschung. Smarte Polymerstrukturen, Fakultät für Naturwissenschaften. http://chemie.uni-paderborn.de/fachgebiete/oc/ak-kuckling/forschung/, 2012.

[Wad90]   Wada, B.; Fanson, J.; Crawley, E.: Adaptive Structures. In Journal of Intelligent Material Systems and Structures, 1990, 1; S. 157–174.

[Wan01]   Wang, C. S.: Built-in Diagnostics for Impact Damage Identification in Composite Structures. Dissertation, 2001.

[Zsc12]   Zschocke, G.: Material wird nicht müde. http://www.hayesraffle.com/wp-content/uploads/inform_material.pdf, 2012, zuletzt geprüft am: 29.06.2013 [22:44].